Wenn sich früh am Morgen die ersten Sonnenstrahlen durchs Fenster tasten und wir noch verschlafen blinzelnd munterem Vogelgezwitscher zuhören können, beginnt der Tag mit einem kleinen Stück vom Glück.

Vögel im Garten oder vor dem Fenster zu haben, ist uns eine Herzensangelegenheit. Deshalb füttern wir schon viele Jahre mit losen Körnern und mit Meisenknödeln. Nachdem uns allerdings freche und äußerst geschickte Raben immer wieder ganze Meisenknödel geklaut hatten, obwohl wir sie vermeintlich klug und sicher in die Zweige knüpften, tüftelten wir an einer Lösung, um den dreisten Schlaumeiern das Handwerk zu legen und den kleineren Singvögeln das ihnen zugedachte Futter sichern zu können.

Die Arbeit mit Holz und Farbe entspannt und inspiriert uns immer. Da kommt es gerade richtig, dass Biologen und Artenschützer wie die Welzhofer-Experten zu einer ganzjährigen Fütterung und zu mehreren Futterplätzen raten. Zu jeder Jahreszeit haben wir selbst an den bunten Meisenknödel-Haltern mindestens so viel Spaß wie unsere Gartenvögel.

Wir wünschen Ihnen allen von Herzen eine gute Zeit beim Kreativsein und viel Freude mit den Piepmätzen!

Ihre

Futterhäuschen bemalen und lackieren

Farben

Acrylfarben sind wasserfeste und tendenziell deckende Farben, wobei die Deckkraft je nach Farbton unterschiedlich stark sein kann. Fast alle Farbhersteller geben auf den Tuben und Farbkarten an, ob es sich um einen opaken (deckenden) oder transparenten Farbton handelt. Die Trocknungszeit liegt je nach Sorte und Farbauftrag zwischen wenigen Minuten und einer Stunde.

Zur Verdünnung beim Malen können Wasser oder spezielle Acrylhilfsmittel verwendet werden, wenngleich die Farben natürlich auch unverdünnt verwendet werden können. Keinesfalls erforderlich sind lösungsmittelhaltige Verdünnungen.

Acrylfarben werden in vielen verschiedenen Preis- und Qualitätsstufen angeboten. Für die Futterhäuschen, die im letzten Schritt lackiert werden, sind alle geeignet. Wichtig ist zu wissen, dass alle Farbtöne und sogar alle Sorten untereinander und miteinander gemischt werden können. Auch Einsteiger, die mit einer begrenzten Zahl an Farbtönen starten, können sie durch Mischen unendlich erweitern. Wenn Sie keine Palette zum Farbenmischen zur Hand haben, verwenden Sie einfach einen Teller oder eine Fliese, die Sie mit Frischhaltefolie überziehen, um sich das mühsame Säubern zu sparen.

Neben den Acrylfarben oder -stiften verwenden wir für Details und feine Linien sehr gerne wasserfeste Tuschestifte oder Lackstifte.

Pinsel

Grundsätzlich eignen sich alle Pinsel für die Acrylmalerei. Je gleichmäßiger der Farbauftrag werden soll, desto weicher muss das Pinselhaar sein. Für einen dickschichtigeren Farbauftrag, sichtbare Pinselstriche und zum Aufbürsten von Farbschattierungen sollte man Pinsel mit festerem Haar oder Borsten wählen.

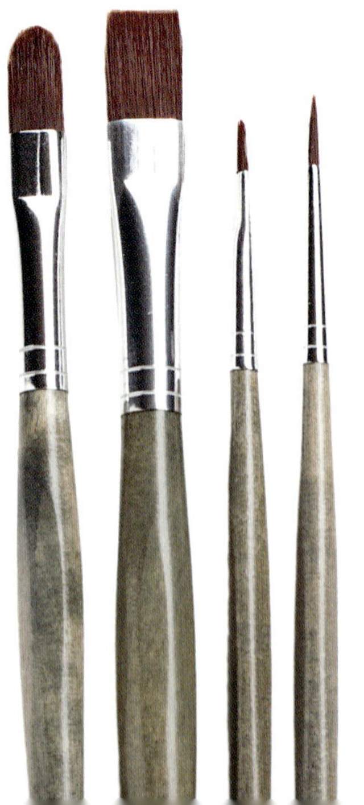

Zum Reinigen der Pinsel nach dem Malen genügen reichlich Wasser und eine rückfettende Handseife. Unter Umständen kann es passieren, dass während des Malens Farbe insbesondere in der Nähe der Pinselzwinge trocknet. Da die Farbe nach dem Trocknen wasserunlöslich ist, kann der Pinsel dann nur noch mit Pinselreiniger gereinigt werden.

Alle Modelle im Buch haben wir mit einer recht kleinen Grundausstattung gemalt: Flachpinsel Größe 2 und Größe 12, Flachpinsel mit Katzenzunge Größe 6 und Rundpinsel Größe 2. Das Haar der Pinsel sollte stramm und nicht zu kurz sein.

Lacke

Bei der Wahl der Farben und Pinsel sind Sie ganz frei. Wichtig ist aber, dass Sie aufmerksam bei der Auswahl des Lacks sind und ihn auch nicht weglassen. Lack für Acrylfarben ist in verschiedenen Glanzgraden erhältlich. Auch wenn beim einen oder anderen Meisenknödel-Halter ein hochglänzender oder seidenmatter Lack schmuck gewesen wäre, haben wir immer einen Mattlack aufgetragen, damit keine eventuellen Lichtreflexe die Vögel irritieren.

Außerdem ist es sehr wichtig, dass Sie einen Lack wählen, der als speichelfest oder lebensmittelecht gekennzeichnet ist! Diese zertifizierten Lacke lösen sich keinesfalls wieder auf, wenn sie einmal getrocknet sind, auch nicht wenn sie in Kontakt mit enzymhaltigen Substanzen wie Speichel oder anderen Sekreten kommen.

Vergrautes Holz

Die Farbe von rohem Holz verändert sich, wenn es ungeschützt der Witterung ausgesetzt ist. Es vergraut im Sonnenlicht auf natürliche Weise und zeigt sich so von einer anderen, sehr schönen Seite.

Manche der Futterhäuschen haben wir deshalb so bemalt, dass einzelne Flächen des Holzes roh blieben. Und bei den meisten dieser Häuschen ist es auch möglich, diese Flächen nicht zu lackieren, und damit das Holz ganz bewusst den Witterungseinflüssen auszusetzen.

Sie können aber auch bereits vergrautes Holz upcyceln und für den einen oder anderen Meisenknödel-Halter verwenden. Wenn man bereits vergraute Hölzer zusägt, werden die Sägeflächen wieder in der ursprüglichen Holzfarbe zum Vorschein kommen, bevor sie selbst auch vergrauen. Dieses Wechselspiel von bereits vergrauten und noch nicht vergrauten Flächen ist monatelang zu sehen und bildet einen feinen Kontrast zueinander.

Korken

Für alle Meisenknödel-Halter haben wir Korken oder Korkenstücke verwendet, um die Vögel vor den spitzen Drahtenden zu schützen. Wir nahmen, was die Werkstatt zu bieten hatte: Korken von Saft- oder Weinflaschen ebenso wie auch neue Korken. Mit einem scharfen Küchenmesser lassen sie sich recht einfach zuschneiden.

Mit der Zeit weiten sich die Löcher in den Korken durch das mehrfache Nachfüllen der Futterstellen und müssen ersetzt werden.

Zum Kuckuck!

fröhlich bunter Geselle

MOTIVHÖHE
27 cm

MATERIAL
- Leimholz, 28 mm stark, 19 cm x 27 cm
- Rundstab, ø 5 mm, 12 cm lang
- 2 Stücke Korken
- Eisendraht, ø 1,6 mm, 16 cm lang
- wasserfester Stift in Schwarz, Strichbreite F
- Mattlack
- Schnur zum Aufhängen
- Lochsäge für Holz, ø 7,5 cm
- Holzbohrer, ø 6 mm
- Holzbohrer, ø 3 mm, 15 cm lang
- Schleifpapier mit mittlerer Körnung

VORLAGE
Bogen 1A

1 Übertragen Sie die Vorlage auf das Leimholz.

2 Das Futterhäuschen entlang der Konturen mit der Stichsäge aussägen.

3 Sägen Sie das Loch für den Meisenknödel mit der Lochsäge aus und bohren Sie die drei Löcher für die Sitzstange, den Eisendraht und die Aufhängung mit den jeweiligen Holzbohrern.

4 Alle Kanten und Unebenheiten mit dem Schleifpapier glätten.

5 Bemalen Sie das so vorbereitete Holz nach Herzenslust und lassen Sie die Farben gut trocknen.

6 Alle Farbflächen ein- oder zweimal lackieren. Jede Lackschicht gemäß den Herstellerangaben durchtrocknen lassen. Den Rundstab als Sitzstange durch das Loch schieben.

7 Zwicken Sie die Enden des Eisendrahts mit dem Seitenschneider schräg ab. Mit den spitzen Drahtenden können Sie die Korken leicht aufstecken und die Meisenknödel durchstechen. Achten Sie zum Schutz der Vögel unbedingt darauf, dass die Drahtenden nicht aus den Korken herausragen.

Piepshow

einer tanzt immer aus der Reihe

MOTIVHÖHE
21 cm

MATERIAL
- Leimholz, 28 mm stark, 22 cm x 31 cm
- Rundstab, ø 5 mm, 12 cm lang
- Korken
- Eisendraht, ø 1,6 mm, 15 cm lang
- Ringschraube in Weiß
- wasserfester Stift in Schwarz, Strichstärke F
- evtl. Masking Tape
- Mattlack
- Schnur zum Aufhängen
- Lochsäge für Holz, ø 7,5 cm
- Holzbohrer, ø 6 mm
- Holzbohrer, ø 3 mm, 15 cm lang
- Schleifpapier mit mittlerer Körnung

VORLAGE
Bogen 1A

1 Zunächst die Vorlage mithilfe von Pauspapier und Bleistift auf das Leimholz übertragen.

2 Sägen Sie dann die Konturen des Vogelhauses mit der Stichsäge aus.

3 Das Loch für die Futterkugel mit der Lochsäge sägen.

4 Die beiden Löcher für die Sitzstange und den Eisendraht mit den jeweiligen Holzbohrern bohren. Dabei darauf achten, dass das gegenüberliegende Loch für den Eisendraht tief genug ist, damit das Drahtende später vogelsicher darin versenkt werden kann.

5 Glätten Sie alle Kanten und Unebenheiten mit dem Schleifpapier.

6 Das Vogelhaus fröhlich bunt bemalen.

→ Weiter geht es auf Seite 8.

7 Lassen Sie die Farbe gut trocknen und lackieren Sie dann alle Farbflächen ein- oder zweimal. Lassen Sie jede Lackschicht gemäß den Herstellerangaben durchtrocknen.

8 Den Rundstab als Sitzstange durch das Loch schieben.

9 Zwicken Sie die Enden des Eisendrahts mit dem Seitenschneider schräg ab, damit sich der Korken leicht aufstecken lässt und Sie den Draht auch gut durch die Futterkugel stechen können. Achten Sie zum Schutz der Vögel unbedingt darauf, dass das äußere Drahtende den Korken nicht durchsticht.

Unser Tipp für Sie:

Hintergrund malen
Damit die Dachfläche und die Außenseiten einen präzisen Rand bekommen, haben wir deren Kanten mit Masking Tape abgeklebt. Sobald die Farbe getrocknet war, haben wir die bemalten Flächen selbst mit Masking Tape geschützt. Dann kamen die senkrechten Streifen dran. Damit sie lebendig aussehen, verwässerten wir die weiße Farbe und den Braunton stark mit Wasser und hielten die vorskizzierten Linien nicht ganz so exakt ein. So blieb auch die Holzmaserung sichtbar. Sobald der Farbauftrag getrocknet war, betonten wir die Kanten der Farbstreifen dann noch einmal mit einem dünnen Rundpinsel und nur wenig verwässerter brauner Farbe. Auch dabei kommt es gerade nicht darauf an, dass die Linien schnurgerade sind.

Villa Kunterbunt

es darf auch eine mehr sein

MOTIVHÖHE
35–40 cm

MATERIAL

- Glattkantbrett, ca. 24 mm stark, mind. 12 cm breit
- Rundstab, ø 5 mm, 12 cm lang
- 2 Stücke Korken
- Eisendraht, ø 1,6 mm, 15 cm lang
- Mattlack
- Schnur zum Aufhängen
- Lochsäge für Holz, ø 7,5 cm
- Holzbohrer, ø 6 mm
- Holzbohrer, ø 3 mm, 15 cm lang
- Schleifpapier mit mittlerer Körnung

VORLAGE
Bogen 1A, 2A

1 Für unsere beiden Modelle finden Sie selbstverständlich die Vorlagen auch auf dem Vorlagenbogen. Die eigentliche Idee für die Villa Kunterbunt war aber, dass man die Häuser einfach aus einem langen Brett sägt. Ein bisschen schräg, ein bisschen schief ... Die Villen wirken nämlich im Garten besonders gut, wenn man mehrere davon aufhängt. Und wir fanden, dass es dafür ganz gut ist, wenn man unbeschwert darauf lossägen kann. Das Brett hat schon ungefähr die Breite, die man fur den Meisenknödel braucht.

2 Aus jeder Villa das Loch für den Meisenknödel mit der Lochsäge aus der Fläche sägen und die Löcher für die Sitzstange und den Eisendraht mit den jeweiligen Holzbohrern bohren.

3 Alle Kanten und Unebenheiten mit dem Schleifpapier glätten.

4 Bemalen Sie dann jede Villa nach Herzenslust kunterbunt und lassen Sie die Farben gut trocknen.

5 Alle Farbflächen ein- oder zweimal lackieren. Jede Lackschicht gemäß den Herstellerangaben durchtrocknen lassen. Den Rundstab als Sitzstange durch das Loch schieben.

6 Um den Meisenknödel befestigen zu können, zwicken Sie die Enden des Eisendrahts mit dem Seitenschneider schräg ab. Mithilfe der spitzen Drahtenden können die Korken mühelos aufgesteckt und die Meisenknödel durchstochen werden. Achten Sie zum Schutz der Vögel darauf, dass die Korken die spitzen Drahtenden vollständig abdecken.

Hexenhaus

schaurig-schöner Farbtupfen an kahl gewordenen Ästen

MOTIVHÖHE
27 cm

MATERIAL
- Leimholz, 28 mm stark, 20 cm x 28 cm
- Rundstab, ø 5 mm, 12 cm lang
- Korken
- Eisendraht, ø 1,6 mm, 13 cm lang
- evtl. wasserfester Stift in Schwarz oder Dunkelgrau, Strichbreite M
- Mattlack
- Schnur zum Aufhängen
- Lochsäge für Holz, ø 7,5 cm
- Holzbohrer, ø 6 mm
- Holzbohrer, ø 3 mm, 15 cm lang
- Schleifpapier mit mittlerer Körnung
- scharfes Messer

VORLAGE
Bogen 2A

1 Übertragen Sie als Erstes die Konturen des Futterhäuschens auf das Stück Leimholz.

2 Das Hexenhaus entlang der Konturen mit der Stichsäge aussägen.

3 Nun sägen Sie das Loch für den Meisenknödel mit der Lochsäge aus der Fläche. Das Loch für die Sitzstange bohren Sie mit dem dickeren Holzbohrer.

4 Für den Eisendraht bohren Sie mit dem langen Holzbohrer ein Loch durch die Dachfläche bis zur gegenüberliegenden Seite der Öffnung für den Meisenknödel. Achten Sie dabei darauf, dass das gegenüberliegende Loch für den Eisendraht tief genug ist, um das Drahtende später vogelsicher darin versenken zu können.

5 Alle Kanten und Unebenheiten mit dem Schleifpapier glätten.

6 Bemalen Sie das Hexenhaus und lassen Sie die Farben gut trocknen. Wenn Sie den Baum und die Fensterkonturen nicht so gerne mit einem Pinsel malen wollen, verwenden Sie einfach einen wasserfesten Stift dafür.

7 Schneiden Sie mit einem scharfen Messer eine Seite des Korkens schräg ab und bemalen Sie den Korken in einem passenden Lilaton.

8 Alle Farbflächen ein- oder zweimal lackieren. Jede Lackschicht gemäß den Herstellerangaben durchtrocknen lassen. Den Rundstab als Sitzstange durch das Loch schieben.

9 Zwicken Sie die Enden des Eisendrahts mit dem Seitenschneider schräg ab. Knicken Sie an einem Ende ein etwa 2 cm langes Stück nach oben. An dieser Seite stecken Sie den Korken auf. Mit dem anderen spitzen Drahtende können Sie immer wieder mühelos durch die Meisenknödel stechen.

Unser Tipp für Sie

So wird das Hexenhaus zum Wendehaus
Wenn Sie mögen, variieren Sie das Motiv auf der Rückseite: Malen Sie die Fenster- und Türflächen in zarten Pastelltönen. Verwenden Sie für den Baum einen helleren Grauton und ergänzen Sie einige hellgrüne Blättchen oder sogar Blüten. So können Sie das herbstliche Futterhäuschen nach dem Jahreswechsel umdrehen und es mit den Frühblühern um die Wette strahlen lassen.

Glückspilze

alle Futtersuchenden sind herzlich willkommen

MOTIVHÖHE
21 cm

MATERIAL
- Leimholz, 28 mm stark, 19 cm x 20 cm
- Holzlatte, 7,5 cm breit, 30 cm lang, 1 cm stark
- Rundstab, ø 5 mm, 12 cm lang
- 2 Stücke Korken
- Eisendraht, ø 1,6 mm, 18 cm lang
- Ringschraube in Weiß
- Mattlack
- Band zum Aufhängen
- Gehrungssäge
- Lochsäge für Holz, ø 7,5 cm
- Holzbohrer, ø 6 mm
- Holzbohrer, ø 3 mm, 15 cm lang
- Schleifpapier mit mittlerer Körnung
- Montagekleber

VORLAGE
Bogen 2B

1 Die Vorlage mithilfe von Pauspapier und Bleistift auf das Leimholz übertragen.

2 Sägen Sie dann die Konturen des Futterhäuschens mit der Stichsäge aus.

3 Das Loch für die Futterkugel mit der Lochsäge sägen und die Löcher für die Sitzstange und den Eisendraht mit den jeweiligen Holzbohrern bohren.

4 Die Holzlatte in der Mitte teilen. Verwenden Sie dazu die Gehrungssäge mit einem Winkel von etwa 100°.

Für die Außenkanten haben wir anschließend einen Winkel von 45° gewählt. Wir empfehlen Ihnen die Schnittkanten sicherheitshalber mit dem Bleistift anzuzeichnen. Wenn die Richtung von innerem und äußerem Winkel nicht zueinander passen, kann man die Lattenstücke nicht zu einem Dach zusammensetzen. Bevor Sie sägen, schauen Sie die Dachflächen mit Ihren Markierungen von der Seite an. Beide Kanten sollen nach innen zeigen bzw. die untere lange Kante kürzer sein als die obere.

Die Länge der beiden Dachflächen ist dagegen keine Millimeterarbeit. Am Ende sollten sie lediglich etwa gleich lang sein und länger als die oberen Seiten des Leimholzes. Zur Orientierung: Die abgebildeten Dachflächen sind 12 cm lang.

5 Glätten Sie alle Kanten und Unebenheiten mit dem Schleifpapier.

→ Weiter geht es auf Seite 16.

6 Das Vogelhaus fröhlich bunt bemalen. Dabei kann die Rückseite auch variieren und z. B. nur eine Wiese ohne Pilze zeigen.

7 Lassen Sie die Farbe gut trocknen und lackieren Sie dann alle Farbflächen ein- oder zweimal. Auch die Lackschichten sollten Sie gemäß den Herstellerangaben jeweils gut durchtrocknen lassen.

8 Den Rundstab als Sitzstange durch das Loch schieben und die Ringschraube befestigen.

9 Zwicken Sie die Enden des Eisendrahts mit dem Seitenschneider schräg ab, damit sich die Korken leicht aufstecken lassen und Sie den Draht auch gut durch den Meisenknödel stechen können. Achten Sie zum Schutz der Vögel unbedingt darauf, dass die äußeren Drahtenden die Korken nicht durchstechen.

Unser Tipp für Sie

Pilze frei Hand malen?
Das können auch Ungeübte!

1 Pilzkopf malen.
2 Hintergrund der Unterseite malen.
3 Weiße Punkte, Lamellen und Stiel malen.
4 Zusätzlich Struktur in der Hintergrundfarbe auftragen, ggf. wieder mit verwässerter weißer Farbe korrigieren.

Stadthäuser

gemalt (fast) ohne Pinsel

MOTIVHÖHE
30, 38 und 46 cm

MATERIAL
- Glattkantbrett, ca. 24 mm stark, mind. 13 cm breit
- Rundstab, ø 5 mm, 12 cm lang
- 2 Stücke Korken
- Eisendraht, ø 1,6 mm, 16 cm lang
- Ringschraube in Weiß
- Masking Tape
- Lackstift in Weiß, Strichstärke 1–2 mm
- Mattlack
- Schnur zum Aufhängen
- Lochsäge für Holz, ø 7,5 cm
- Holzbohrer, ø 6 mm
- Holzbohrer, ø 3 mm, 15 cm lang
- Schleifpapier mit mittlerer Körnung

VORLAGE
Bogen 1A, 1B, 2A

1 Die Rohlinge für jedes Haus aus dem Brett sägen. Die jeweilige Höhe ergibt sich aus der Vorlage. Es muss immer nur der Boden im rechten Winkel gesägt werden und die beiden Dachschrägen. Die Breite entspricht der des Bretts.

2 Sägen Sie aus jedem Haus das Loch für die Futterkugel mit der Lochsäge aus und bohren Sie die Löcher für den Eisendraht und die Sitzstange mit den jeweiligen Holzbohrern.

3 Alle Kanten und Unebenheiten mit dem Schleifpapier glätten.

4 Kleben Sie die Kanten der Häuser mit Masking Tape ab, bevor Sie die Hintergrundflächen einfarbig grundieren. Sobald die Farbe getrocknet ist, lackieren Sie die Farbfläche ein- oder zweimal mit Mattlack und lassen die einzelnen Schichten entsprechend der Herstellerangaben durchtrocknen. Das rohe Holz wird mit der Zeit natürlich vergrauen (siehe S. 3).

5 Die Konturen der Fenster, Türen und Dekoelemente mit dem Lackstift zeichnen. Sie können die Vorlagen übertragen und die Linien nachfahren. Oder Sie orientieren sich nur an den Vorlagen und zeichnen frei Hand. Bei Bedarf können Sie sich einen Streifen Masking Tape als Hilfslinie aufkleben, beispielsweise als Unterkante für eine Fensterreihe.

6 Den Rundstab als Sitzstange durch das Loch schieben. Schließlich die Enden des Eisendrahts mit dem Seitenschneider schräg abzwicken. Mit den spitzen Drahtenden können die Korken mühelos aufgesteckt und die Futterkugeln durchstochen werden. Die Drahtenden dürfen zum Schutz der Vögel keinesfalls aus den Korken herausragen.

Unser Tipp für Sie

Mehr als eine Futterkugel
Um mehr als eine Futterkugel mit einem Haus aufhängen zu können, sägen Sie einfach längere Stücke aus dem Brett. Sie können unsere Modelle nach unten verlängern und unterhalb der Zeichnungen zusätzliche Futterkugeln platzieren. Oder Sie sägen und bohren ganz unabhängig von den Vorlagen die Löcher für die Futterkugeln und weiteren Sitzstangen, so wie es Ihnen sinnvoll erscheint, und überlegen dann, wie Sie die Zeichnung anpassen können. Kombinieren Sie Elemente aus den drei Vorlagen und ergänzen Sie auch eigene Ideen. Die werden Ihnen spätestens kommen, wenn Sie den Stift in die Hand nehmen!

Katzenjammer

Hier wird nur mit den Augen gejagt!

MOTIVHÖHE

31 cm

MATERIAL

- Leimholz, 28 mm stark, 15 cm x 30 cm
- Holzlatte, 4,5 cm breit, 24 cm lang, 1 cm stark
- Rundstab, ø 5 mm, 12 cm lang
- 2 Stücke Korken
- Eisendraht, ø 1,6 mm, 15 cm lang
- Ringschraube in Weiß
- wasserfester Stift in Schwarz, Strichstärke S
- Mattlack
- Schnur zum Aufhängen
- Gehrungssäge
- Lochsäge für Holz, ø 7,5 cm
- Holzbohrer, ø 6 mm
- Holzbohrer, ø 3 mm, 15 cm lang
- Schleifpapier mit mittlerer Körnung
- Montagekleber

VORLAGE

Bogen 2A

1 Als Erstes übertragen Sie die Vorlage mithilfe von Pauspapier und Bleistift auf das Leimholz.

2 Die Konturen mit der Stichsäge aussägen.

3 Sägen Sie dann das Loch für die Futterkugel mit der Lochsäge und bohren Sie die Löcher für die Sitzstange und den Eisendraht mit den jeweiligen Holzbohrern.

4 Die Holzlatte in zwei Teile sägen: Ein Stück sollte ca. 10 cm, das andere ca. 11 cm lang sein. Für den Schnitt die Gehrungssäge mit einem Winkel von etwa 110° verwenden.

5 Glätten Sie alle Kanten und Unebenheiten mit dem Schleifpapier.

6 Das Futterhäuschen und die Dachstücke einfarbig grundieren. Sobald die Farben getrocknet sind, auf den Dachstücken frei Hand wie abgebildet das Karomuster malen und auf das Futterhäuschen selbst ringsum die Katzenmeute. Eine Katze besteht immer aus einem breiten Strich (breiter, flacher Pinsel), dem dann oben zwei Ohren hinzugefügt werden (kleiner, runder Pinsel) und zwei weißen Punkten für die Augen (siehe TOPP-Tipps). Die Pupillen, Näschen und Schnurrhaare werden auf die trockenen Acrylfarben mit dem Stift gemalt.

7 Lassen Sie die Farben gut trocknen und lackieren Sie dann alle Farbflächen ein- oder zweimal. Lassen Sie jede Lackschicht gemäß den Herstellerangaben durchtrocknen.

8 Den Rundstab als Sitzstange durch das Loch schieben.

9 Bringen Sie die beiden Dachflächen mit dem Montagekleber an. Der Montagekleber ist wetterfest und gleicht kleinere Unebenheiten aus.

Das Loch für die Ringschraube bohren Sie mit dem dünnen Bohrer vor. Damit das Haus gerade hängt, kann die Schraube nicht direkt am Giebel montiert werden, sondern muss etwa 1 cm von der Mitte versetzt auf der größeren Dachfläche angebracht werden.

10 Das Ende des Eisendrahts mit dem Seitenschneider schräg abzwicken, damit sich die Korken mühelos aufstecken lassen und man mit dem Draht auch immer wieder leicht durch eine Futterkugel stechen kann. Zum Schutz der Vögel unbedingt darauf achten, dass die äußeren Drahtenden nicht aus den Korken herausragen.

Ahoi!

Futterhäuschen in Signalfarben

MOTIVHÖHE
30 cm

MATERIAL

- Leimholz, 28 mm stark, 14 cm x 30 cm
- Rundstab, ø 5 mm, 12 cm lang
- 2 Stücke Korken
- Eisendraht, ø 1,6 mm, 13 cm lang
- Ringschraube in Weiß
- Mattlack
- Schnur zum Aufhängen
- Lochsäge für Holz, ø 7,5 cm
- Holzbohrer, ø 6 mm
- Holzbohrer, ø 3 mm, 15 cm lang
- Schleifpapier mit mittlerer Körnung

VORLAGE
Bogen 2B

1 Übertragen Sie die Vorlage mithilfe von Pauspapier und Bleistift auf das Leimholz.

2 Die Konturen des Leuchtturms mit der Stichsäge aussägen.

3 Sägen Sie dann das Loch für den Meisenknödel mit der Lochsäge und bohren Sie die Löcher für die Sitzstange und den Eisendraht mit den jeweiligen Holzbohrern.

4 Mit dem Schleifpapier alle Kanten und Unebenheiten glätten.

5 Bemalen Sie das Futterhäuschen in den traditionellen Leuchtturmfarben oder in einer anderen Farbkombination. Dunkelblau, Weiß und Grau sind eine zurückhaltendere und dennoch maritim anmutende Kombination, aber es dürfen durchaus auch mal witzig-freche Bonbonfarben sein. Durch die markante Formgebung wird der Leuchtturm immer als solcher wahrgenommen werden.

Die schmalen Streifen und die Hintergrundflächen von Fenstern und Leuchtfeuer bleiben roh und geben dem Futterhäuschen trotz der leuchtenden Farben einen natürlichen Akzent.

6 Wenn die Farben getrocknet sind, das Futterhäuschen ein- oder zweimal lackieren. Auch die Lackschichten gemäß den Herstellerangaben jeweils gut durchtrocknen lassen.

7 Schieben Sie den Rundstab als Sitzstange durch das Loch und montieren Sie auf dem Dach die Ringschraube zum Aufhängen.

8 Die Enden des Eisendrahts mit dem Seitenschneider schräg abzwicken, damit sich die Korken leicht aufstecken und die Meisenknödel mühelos durchstechen lassen. Um zu verhindern, dass sich die Vögel verletzen, unbedingt darauf achten, dass die Drahtspitzen nicht aus den Korken herausragen.

Frühlingsreif

natürliche Farben mit Herz

MOTIVHÖHE
18,5 cm

MATERIAL
- Leimholz, 28 mm stark, 19 cm x 24 cm
- Rundstab, ø 5 mm, 12 cm lang
- Korken
- Eisendraht, ø 1,6 mm, 17 cm lang
- Ringschraube in Weiß
- Mattlack
- Schnur zum Aufhängen
- Lochsäge für Holz, ø 7,5 cm
- Holzbohrer, ø 6 mm
- Holzbohrer, ø 3 mm, 15 cm lang
- Schleifpapier mit mittlerer Körnung

VORLAGE
Bogen 1A

1 Übertragen Sie die Vorlage auf das Leimholz.

2 Das Futterhäuschen entlang der Konturen mit der Stichsäge aussägen.

3 Sägen Sie das Loch für den Meisenknödel mit der Lochsäge aus und bohren Sie die Löcher für die Sitzstange und den Eisendraht mit den jeweiligen Holzbohrern.

4 Alle Kanten und Unebenheiten mit dem Schleifpapier glätten.

5 Bemalen Sie das so vorbereitete Holz und lassen Sie die Farben gut trocknen.

6 Alle Farbflächen ein- oder zweimal lackieren. Jede Lackschicht gemäß den Herstellerangaben durchtrocknen lassen. Den Rundstab als Sitzstange durch das Loch schieben und die Ringschraube montieren.

7 Zwicken Sie die Enden des Eisendrahts mit dem Seitenschneider schräg ab. Mit den spitzen Drahtenden können Sie das Korkenstück leicht aufstecken und die Meisenknödel durchstechen. Achten Sie zum Schutz der Vögel unbedingt darauf, dass das Drahtende nicht aus dem Korken herausragt.

Unser Tipp für Sie

Der Blütenkranz wirkt sehr kunstvoll, ist aber einfach zu malen. Für das Motiv haben wir nämlich ausschließlich einen Pinsel in Größe 2 verwendet und die Farben stark verwässert. Alle Elemente des Motivs werden mit mehreren Farbschichten gemalt, beginnend immer mit hellen Nuancen, die nach und nach kräftiger werden. Im letzten Schritt werden die Akzente in reinem Weiß aufgetragen.
Der kleine Pinsel zwingt uns dazu, mit leichter Hand zu malen und die sich überlagernden, transparenten Farbschichten geben dem Motiv seine Leichtigkeit. Gerade wenn Sie weniger geübt sind, achten Sie darauf, dass Sie locker bleiben und die einzelnen Details nicht allzu akribisch malen.
Für den Hintergrund kommt ein Flachpinsel zum Einsatz. Die helle Hausfassade haben wir mit stark verwässerter Farbe koloriert, damit die Holzmaserung sichtbar bleibt. Die Dachfläche wurde dagegen deckend bemalt.

Schneeglöckchen!

erste Frühlingsboten

MOTIVHÖHE
23 cm

MATERIAL
- Leimholz, 28 mm stark, 21 cm x 23 cm
- Rundstab, ø 5 mm, 12 cm lang
- 2 Stücke Korken
- Eisendraht, ø 1,6 mm, 17 cm lang
- Ringschraube in Weiß
- evtl. Masking Tape
- Mattlack
- Schnur zum Aufhängen
- Lochsäge für Holz, ø 7,5 cm
- Holzbohrer, ø 6 mm
- Holzbohrer, ø 3 mm, 15 cm lang
- Schleifpapier mit mittlerer Körnung

VORLAGE
Bogen 2B

1 Als Erstes die Vorlage mithilfe von Pauspapier und Bleistift auf das Leimholz übertragen.

2 Sägen Sie das Futterhäuschen mit der Stichsäge aus.

3 Das Loch für die Futterkugel mit der Lochsäge sägen und die drei Löcher für die Sitzstange und den Eisendraht mit den entsprechenden Holzbohrern bohren.

4 Glätten Sie alle Kanten und Unebenheiten mit dem Schleifpapier.

5 Bemalen Sie das so vorbereitete Holz auf der Vorder- und der Rückseite. Auf der Rückseite können Sie die Anordnung der Schneeglöckchen variieren. Wenn Sie schon wissen, dass man das Futterhäuschen im Garten kaum von der Rückseite sehen wird, lassen Sie dort die Schneeglöckchen vielleicht auch ganz weg.

Für die Blütenköpfe malen Sie immer erst die komplette Fläche in Weiß und betonen dann die Ränder der einzelnen Blütenblätter mit sehr hellem Grün oder Blaugrün. Ebenso grundieren Sie die Stiele und Blätter im ersten Schritt gleichmäßig Grün und tragen danach erst Akzente in Gelbgrün auf.

6 Zum Schluss das Dach bemalen. Um auf einfache Weise eine gerade Kante an der Unterseite des Dachs zu erzielen, diese Kante bei Bedarf mit Masking Tape abkleben.

7 Lassen Sie die Farben gut trocknen und lackieren Sie dann alle Farbflächen ein- oder zweimal. Jede Lackschicht gemäß den Herstellerangaben ebenfalls durchtrocknen lassen.

8 Den Rundstab als Sitzstange durch das Loch schieben und die Ringschraube für die Aufhängung montieren.

9 Schließlich die Enden des Eisendrahts mit dem Seitenschneider schräg abzwicken. Mit den spitzen Drahtenden können die Korken mühelos aufgesteckt und die Meisenknödel durchstochen werden. Achten Sie zum Schutz der Vögel darauf, dass die Korken die spitzen Drahtenden vollständig abdecken.

Flying home for christmas

weihnachtliches Glück im Garten

MOTIVHÖHE
35 cm

MATERIAL

- Leimholz, 28 mm stark, 19 cm x 35 cm
- Rundstab, ø 5 mm, 12 cm lang
- Korken
- Eisendraht, ø 1,6 mm, 12 cm lang
- Ringschraube in Weiß
- evtl. Acrylstifte
- Mattlack
- Band zum Aufhängen
- Lochsäge für Holz, ø 7,5 cm
- Holzbohrer, ø 6 mm
- Holzbohrer, ø 3 mm, 15 cm lang
- Schleifpapier mit mittlerer Körnung

VORLAGE
Bogen 2B

1 Die Vorlage für das weihnachtliche Futterhäuschen mit Pauspapier und Bleistift auf das Leimholz übertragen.

2 Sägen Sie das Futterhäuschen mit der Stichsäge aus.

3 Das Loch für den Meisenknödel mit der Lochsäge sägen und die Löcher für die Sitzstange und den Eisendraht mit den entsprechenden Holzbohrern bohren.

4 Glätten Sie alle Kanten und Unebenheiten mit dem Schleifpapier.

5 Bemalen Sie das so vorbereitete Holz. Die Hausfassade bleibt unbemalt. Wie einfach Sie die Mauersteine malen können, sehen Sie auf unserem Detailfoto. Für die Feinheiten in den Fenstern oder die schmalen Fensterrahmen können Sie statt Pinsel und Farbe Acrylstifte verwenden.

6 Lassen Sie die Farben gut trocknen und lackieren sie dann das Futterhäuschen ein- oder zweimal. Lassen Sie auch jede Lackschicht gemäß den Herstellerangaben durchtrocknen.

7 Den Rundstab als Sitzstange durch das Loch schieben und die Ringschraube für die Aufhängung montieren.

8 Schließlich die Enden des Eisendrahts mit dem Seitenschneider schräg abzwicken. Mit den spitzen Drahtenden können die Korken mühelos aufgesteckt und die Meisenknödel durchstochen werden. Achten Sie zum Schutz der Vögel darauf, dass die Korken die spitzen Drahtenden vollständig abdecken.

Hygge!

Blütenmeer im skandinavischen Look

MOTIVHÖHE
23 cm

MATERIAL
- Leimholz, 28 mm stark, 21 cm x 23 cm
- Rundstab, ø 5 mm, 12 cm lang
- Korken
- Eisendraht, ø 1,6 mm, 16 cm lang
- Ringschraube in Weiß
- Masking Tape
- evtl. Acrylstifte
- Mattlack
- Schnur zum Aufhängen
- Lochsäge für Holz, ø 7,5 cm
- Holzbohrer, ø 6 mm
- Holzbohrer, ø 3 mm, 15 cm lang
- Schleifpapier mit mittlerer Körnung

VORLAGE
Bogen 2A

1 Übertragen Sie zunächst die Vorlage für die Konturen dieses Meisenknödel-Halters auf das Leimholz.

2 Den Meisenknödel-Halter mit der Stichsäge aussägen.

3 Sägen Sie das Loch für den Meisenknödel mit der Lochsäge und bohren Sie die Löcher für die Sitzstange und den Eisendraht mit den entsprechenden Holzbohrern.

4 Mit dem Schleifpapier Kanten und Unebenheiten glätten.

5 Kleben Sie mit dem Masking Tape die Fläche für den Hintergrund und die Kanten des Dachs ab. Bemalen Sie diese Flächen einfarbig und lassen Sie sie trocknen.

Malen Sie dann die Blüten und Blätter. Entweder Sie übertragen die Vorlagen noch einmal auf den Hintergrund oder Sie malen die Elemente frei Hand und orientieren sich dabei an den Vorlagen und der Abbildung. Sie können für die Feinheiten statt Acrylfarben und Pinsel auch Acrylstifte verwenden, wenn Sie mögen.

6 Die Farben gut trocknen lassen und danach den Meisenknödel-Halter ein- oder zweimal lackieren. Jede Lackschicht gemäß den Herstellerangaben ebenfalls durchtrocknen lassen.

7 Schieben Sie den Rundstab als Sitzstange durch das Loch und montieren Sie am Giebel die Ringschraube für die Aufhängung.

8 Schließlich die Enden des Eisendrahts mit dem Seitenschneider schräg abzwicken. Mit den spitzen Drahtenden können die Korken mühelos aufgesteckt und die Meisenknödel durchgestochen werden. Die Korken müssen die spitzen Drahtenden vollständig abdecken, damit sich die Vögel nicht daran verletzen können.

Summertime

Eine sommerlaunige Vogel-Candy-Bar!

MOTIVHÖHE
27 cm

MATERIAL
- Leimholz, 28 mm stark, 14 cm x 27 cm
- Winkelleiste, 1 cm x 1 cm, ca. 50 cm
- Rundstab, ø 5 mm, 12 cm lang
- 2 Stücke Korken
- Eisendraht, ø 1,6 mm, 17 cm lang
- Ringschraube in Weiß
- Mattlack
- Schnur zum Aufhängen
- Gehrungssäge
- Lochsäge für Holz, ø 7,5 cm
- Holzbohrer, ø 6 mm
- Holzbohrer, ø 3 mm, 15 cm lang
- Schleifpapier mit mittlerer Körnung
- Montagekleber oder Weißleim

VORLAGE
Bogen 2A

1 Zuerst die Vorlage für die Konturen auf das Leimholz übertragen.

2 Sägen Sie das Futterhäuschen mit der Stichsäge aus.

3 Das Loch für die Futterkugel mit der Lochsäge sägen, die drei Löcher für die Sitzstange und die beiden für den Eisendraht mit den entsprechenden Holzbohrern bohren.

4 Glätten Sie mit dem Schleifpapier alle Kanten und Unebenheiten.

5 Die vier Stücke der Winkelleiste für das Dach mit der Gehrungssäge zusägen. Der Winkel am Giebel beträgt 45°, die äußeren Winkel 135°. Zeichnen Sie die Sägelinien vorher mit Bleistift an und achten Sie dabei darauf, dass die Winkelleiste passend zu dem Teil des Dachfirsts ausgerichtet ist, für den das Stück gedacht ist.

→ Weiter geht es auf Seite 34.

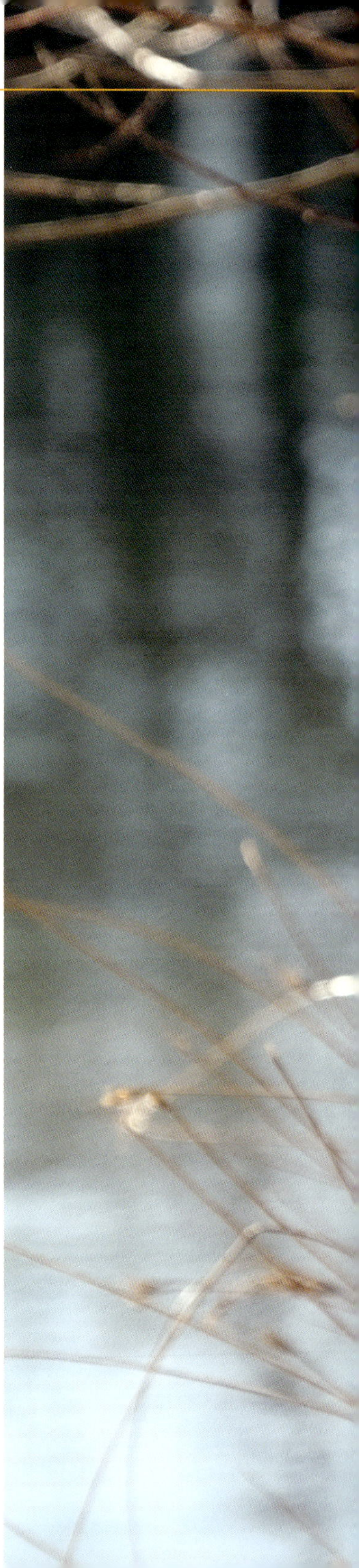

6 Bemalen Sie den Hintergrund des Futterhäuschens und die Dachleisten mit verwässerter Acrylfarbe und lockeren Pinselstrichen. So erzielen Sie den Lasureffekt, der dem Häuschen seine charmante, sommerliche Leichtigkeit gibt. Wenn die Farben trocken sind, malen Sie die Wimpelkette.

7 Das Futterhäuschen ein- oder zweimal lackieren. Jede Lackschicht gemäß den Herstellerangaben durchtrocknen lassen.

8 Schieben Sie den Rundstab als Sitzstange durch das Loch, montieren Sie den Schraubhaken zum Aufhängen und befestigen Sie die Dachleisten mit dem Montagekleber oder dem Weißleim.

9 Zum Schluss die beiden Eisendrähte mit dem Seitenschneider schräg abzwicken. Mit den spitzen Drahtenden können die Korken mühelos aufgesteckt und die Meisenknödel durchgestochen werden. Achten Sie darauf, dass die Korken die spitzen Drahtenden immer vollständig abdecken, um die Vögel vor Verletzungen zu schützen.

Frühlingsgefühle

verspieltes Futterhäuschen-Trio in Pastellfarben

MOTIVHÖHE
30 cm

MATERIAL
- Leimholz, 28 mm stark, 30 cm x 30 cm
- 3 Rundstäbe, ø 5 mm, 12 cm lang
- 2 Stücke Korken
- 2 Eisendrähte, ø 1,6 mm, 13 cm lang
- Schraubhaken
- Ringschraube in Weiß
- wasserfester Stift in Schwarz, Strichstärke 1–2 mm
- Masking Tape
- Mattlack
- Schnur zum Aufhängen
- Lochsäge für Holz, ø 7,5 cm
- Holzbohrer, ø 6 mm
- Holzbohrer, ø 3 mm, 15 cm lang
- Schleifpapier mit mittlerer Körnung

VORLAGE
Bogen 1B

1 Die Vorlage für die Konturen auf das Leimholz übertragen. Da das Holz quadratisch benötigt wird, kann die Maserung längs oder quer verlaufen. Wir haben uns für quer entschieden.

2 Sägen Sie das Häusertrio mit der Stichsäge aus.

3 Die drei Löcher für die Futterkugeln mit der Lochsäge sägen, die drei Löcher für die Sitzstange und die beiden für den Eisendraht mit den entsprechenden Holzbohrern bohren.

4 Glätten Sie mit dem Schleifpapier alle Kanten und Unebenheiten.

5 Zunächst die Hausfassaden und Dachflächen bemalen. Um scharfe Kanten zu erzielen, die jeweiligen Flächen mit Masking Tape abkleben.

Sobald die Hintergrundfarben getrocknet sind, Fenster, Türen und Schmuckelemente malen.

Sie können die Vorlagen dafür übertragen oder frei Hand malen und sich nur an den Abbildungen orientieren. Zum Schluss zeichnen Sie mit dem Stift die feinen Akzente.

6 Das ausgefallene Futterhäuschen ein- oder zweimal lackieren. Jede Lackschicht gemäß den Herstellerangaben durchtrocknen lassen.

7 Schieben Sie die Rundstäbe als Sitzstangen durch die entsprechenden Löcher, bringen Sie für die mittlere Futterkugel den Schraubhaken an und montieren Sie am Giebel die Ringschraube für die Aufhängung.

8 Schließlich die Enden der beiden Eisendrähte mit dem Seitenschneider schräg abzwicken. Mit den spitzen Drahtenden können die Korken mühelos aufgesteckt und die Meisenknödel durchstochen werden. Die Korken müssen die spitzen Drahtenden vollständig abdecken, damit sich die Vögel nicht daran verletzen können.

Farbspielerei

in leuchtenden Herbstfarben

MOTIVHÖHE
33 cm

MATERIAL

- Leimholz, 28 mm stark, 11,5 cm x 32 cm
- Holzlatte, 4,5 cm breit, 19 cm lang, 1 cm stark
- Rundstab, ø 5 mm, 12 cm lang
- 2 Stücke Korken
- Eisendraht, ø 1,6 mm, 13,5 cm lang
- 3 Ringschrauben
- Mattlack
- Schnur zum Aufhängen
- Gehrungssäge
- Lochsäge für Holz, ø 7,5 cm
- Holzbohrer, ø 6 mm
- Holzbohrer, ø 3 mm, 15 cm lang
- Schleifpapier mit mittlerer Körnung
- Montagekleber

VORLAGE
Bogen 1B

1 Die Vorlage mithilfe von Pauspapier und Bleistift auf das Leimholzbrett übertragen.

2 Sägen Sie nun die Konturen des Futterhäuschens mit der Stichsäge aus.

3 Das Loch für den Meisenknödel mit der Lochsäge sägen und die Löcher für die Sitzstange und den Eisendraht mit den jeweiligen Holzbohrern bohren.

4 Die Enden der Holzlatte mit der Gehrungssäge (Winkel etwa 105°) abschrägen.

5 Glätten Sie alle Kanten und Unebenheiten mit dem Schleifpapier.

6 Auf die Grundfläche des Futterhäuschens mit dem Bleistift frei Hand ein Raster aus weichen senkrechten und waagrechten Linien zeichnen. Dabei umfließen die kleinen Flächen die Ränder von einer Seite zur anderen. Linien, die nicht auf Anhieb passen, können auf dem rohen Holz mit einem Radierer einfach korrigiert werden.

→ Weiter geht es auf Seite 40.

7 Wenn das Raster ausgewogen ist, die einzelnen Flächen und das Lattenstück für das Dach herbstbunt bemalen. Oder auch in Pastellfarben fürs Frühjahr, in Meeresfarben für den Sommer, in den Lieblingsfarben oder passend zur Bepflanzung des Staudenbeets … Wie es Ihnen gefällt!

8 Lassen Sie die Farbe gut trocknen und lackieren Sie dann alle Farbflächen ein- oder zweimal. Auch die Lackschichten sollten Sie gemäß den Herstellerangaben jeweils gut durchtrocknen lassen.

9 An der langen Seite oben und unten zwei der Ringschrauben anbringen. Das Loch kann jeweils mit dem dünnen Bohrer vorgebohrt werden. Das Dach mit dem Montagekleber anbringen und die dritte Ringschraube zum Aufhängen befestigen. Den Rundstab als Sitzstange durch das Loch schieben und schließlich einen dekorativen Zweig mithilfe der seitlichen Ringschrauben anbringen.

10 Zwicken Sie die Enden des Eisendrahts mit dem Seitenschneider schräg ab, damit sich die Korken leicht aufstecken lassen und Sie den Draht auch mühelos durch den Meisenknödel stechen können. Achten Sie zum Schutz der Vögel unbedingt darauf, dass die äußeren Drahtenden vollständig durch die Korken bedeckt sind.

Winterwald

idyllische Kulisse im Schnee

MOTIVHÖHE
17 cm

MATERIAL
- Leimholz, 28 mm stark, 17 cm x 19 cm
- Rundstab, ø 5 mm, 12 cm lang
- 2 Stücke Korken
- Eisendraht, ø 1,6 mm, 18 cm lang
- Alublech, 28 mm breit, 25 cm lang
- Ringschraube
- Wattestäbchen
- evtl. Masking Tape
- Mattlack
- Schnur zum Aufhängen
- Lochsäge für Holz, ø 7,5 cm
- Holzbohrer, ø 6 mm
- Holzbohrer, ø 3 mm, 15 cm lang
- Schleifpapier mit mittlerer Körnung
- Kraftkleber

VORLAGE
Bogen 2A

1 Übertragen Sie die Vorlage auf das Leimholz.

2 Das Futterhäuschen entlang der Konturen mit der Stichsäge aussägen.

3 Sägen Sie das Loch für den Meisenknödel mit der Lochsäge aus und bohren Sie die drei Löcher für die Sitzstange und den Eisendraht.

4 Alle Kanten und Unebenheiten mit dem Schleifpapier glätten.

5 Bemalen Sie das so vorbereitete Holz auf der Vorder- und Rückseite und lassen Sie die Farben gut trocknen. Bei diesem Modell wollten wir die Seitenflächen roh zu lassen. Deswegen haben wir sie mit Masking Tape geschützt, bis alle Flächen bemalt waren. Die rohen Flächen werden im Laufe der Zeit natürlich vergrauen und auch so wunderschön zur Geltung kommen in Kombination mit den winterlich bemalten Flächen.

6 Die weißen Schneeflocken mithilfe von Wattestäbchen auftupfen.

7 Alle Farbflächen ein- oder zweimal lackieren. Jede Lackschicht gemäß den Herstellerangaben durchtrocknen lassen. Den Rundstab als Sitzstange durch das Loch schieben.

8 Montieren Sie den Streifen Alublech mit dem Kraftkleber als Dachfläche.

9 Schließlich die Enden des Eisendrahts mit dem Seitenschneider schräg abzwicken. Mit den spitzen Drahtenden können die Korken mühelos aufgesteckt und die Meisenknödel durchstochen werden. Die Drahtenden dürfen zum Schutz der Vögel keinesfalls aus den Korken herausragen.

Wildvögeln ein Stück Heimat geben

Vogelfutter im Garten oder am Balkon bringt man üblicherweise mit den Wintermonaten in Verbindung, mit der Zeit, in der die Vegetation zur Ruhe gekommen ist und vielleicht sogar eine Schneedecke über der Landschaft liegt. Wir alle können uns dann gut vorstellen, dass wildlebende Vogelarten nur schwer ausreichend Nahrung finden.

Die Lebensbedingungen der Vögel haben sich jedoch in den letzten Jahrzehnten sehr verändert und erschweren ihnen die Futtersuche nicht nur in strengen Wintern. In unseren aufgeräumten Kulturlandschaften ist der Bestand an Futterpflanzen und Insekten drastisch gesunken.

Während die Winterfütterung unumstritten ist, gibt es dennoch vereinzelt auch kritische Stimmen im Zusammenhang mit der Zufütterung übers ganze Jahr. Doch im Grundsatz sind sich auch die großen Organisationen wie der Naturschutzbund NABU oder der Tierschutzbund einig: Mit den richtigen Futtermitteln ist die ganzjährige Zufütterung vielleicht kein so großer Beitrag zum Artenschutz, wie man hoffen möchte, aber sie schadet keinesfalls.

Mancher befürchtete, dass die Vögel durch die Zufütterung ihr natürliches Jagdverhalten ablegen würden. Langjährige wissenschaftliche Untersuchungen zeigten jedoch, dass das nicht der Fall ist. Die Futterstellen werden von den Wildtieren instinktiv nur dann genutzt, wenn ein Nahrungsengpass besteht. Unter den heutigen Bedingungen im Lebensraum der Vögel kann das aber eben nicht nur in den Wintermonaten passieren, sondern beispielsweise auch in der Brutzeit, in der ein erhöhter Energiebedarf besteht, der nicht mit dem natürlichen Futterangebot gedeckt werden kann. Durch das Angebot sinnvoller Futtermittel verhindern wir auch, dass sich die Vögel in ihrer Not an menschlichen Essensresten bedienen, die für sie jedoch gänzlich ungeeignet sind. Die verantwortungsvolle Ganzjahresfütterung ist für die Wildtiere also eine Nahrungsergänzung, die keinen negativen Einfluss auf ihren Jagdtrieb hat und die auch keine Abhängigkeiten schafft.

Der heimischen Vogelpopulation hilft es, sie ganzjährig mit Futter zu unterstützen und uns Menschen kann es sehr viel Spaß machen, der bunten Vogelschar zuzuschauen – ganz besonders an den Meisenknödeln in ihren farbenfrohen Häuschen. Ein hervorragendes Mittel gegen schlechte Laune oder Jahreszeiten-Blues!

Ein Jahr in der Vogelperspektive

Frühling

Mit der Kraft der Sonne kommen die Zugvögel zurück in unsere Breiten. Während sie ihre Energiereserven auf der langen Reise aufgezehrt haben, sind die Daheimgebliebenen erschöpft von den gerade erst überstandenen kargen Wintermonaten. Alle Vögel benötigen jetzt neue Kraft und Energie für den Nestbau und die Brutvorbereitungen. In der Brutzeit benötigen die Elterntiere dann weiter große Mengen Nahrungsenergie. Sie sind von Sonnenaufgang bis Sonnenuntergang unterwegs, um sich selbst und außerdem noch die Küken im Nest zu versorgen. Und gleich nach der Brutzeit steigt ihr eigener Energiebedarf noch einmal für die Mauser.

Sommer

Jetzt kann man bereits feststellen: Die Jungvögel sind geschlüpft und flügge geworden. Wer im Frühsommer aufmerksam ist, kann die Küken bei den ersten Flugversuchen beobachten. Ein paar Wochen später erkunden sie die nähere Umgebung und haben eines gemeinsam mit allen Heranwachsenden: Mächtigen Hunger.

Die Trockenheit in den Sommermonaten lässt die Böden hart werden und erschwert damit die Nahrungssuche von am Boden lebenden Vögeln wie Star oder Amsel.

Herbst

Wer die kalte Zeit in wärmeren Gefilden überwintern will, sammelt jetzt die Energiereserven für die Reise. Die beheimateten Vögel stärken sich für den Winter. Ein guter Zeitpunkt, die Winterfutterstelle einzurichten und von nun an auch nicht mehr umzustellen.

Winter

Kahle Äste und Gärten, vertrocknete Halme, Frost oder gar eine geschlossene Schneedecke. In dieser Zeit sind die Wildtiere besonders froh, wenn sie sich auf die Zufütterung verlassen können. Der Winter ist eine ruhige Zeit für die heimischen Vögel. Sie ziehen sich an geschützte Stellen zurück und schlafen viel. Mit einem aufgeplusterten Gefieder wappnen sie sich vor der Kälte. Immergrüne Nadelgehölze wie Koniferen oder Eiben sind jetzt wichtige Rückzugsräume vor den rauen Winterwinden.

Wer nur im Winter zufüttern möchte, sollte damit nicht erst dann spontan damit beginnen, wenn Eis und Schnee es nahelegen, denn die Vogelpopulation im Garten braucht einige Zeit, um eine Futterstelle zu entdecken und sich an sie zu gewöhnen.

Lose Futtermischungen oder Meisenknödel?

Am besten beides! Und von den Meisenknödeln auch gerne mehr als nur ein einzelner. Denn wenn das Nahrungsangebot auf mehrere Standorte verteilt wird, ist der Andrang an den einzelnen Futterstellen geringer. Die Vögel haben so weniger Stress und beim Wettstreit um das Futter haben auch schwächere Arten wie die kleinen Rotkehlchen oder Zaunkönige eine Chance gegen große Amseln oder agile Sperlinge. Wer zwei oder drei Futterplätze einrichtet, kann auch mehrere Sorten anbieten und so sowohl Körner- und Beerenfresser als auch Weichfresser in den Garten locken.

Futterspender oder Futtersäulen für gehackte Erdnüsse oder z. B. Waldvogelfutter kann man ohne größeren Aufwand in die Äste von Bäumen oder Sträuchern hängen. Die Spender schützen das Futter vor Witterungseinflüssen und vor Verunreinigung. Snacks wie Meisenknödel und Vogelschmaus ergänzen die Fütterung mit Fett- oder Mischfutter ideal. Aufgehängt mit den farbenfrohen, handgefertigten Futterhäuschen sind sie im Garten auch gleich noch ein Augenschmaus.

Meisenknödel werden mit und ohne Netz angeboten. Das Netz dient zum Aufhängen und verhindert auch, dass abgebrochene Stücke der Futterkugel verloren gehen. Herkömmliche Netze sind allerdings in der Regel aus Kunststoff gefertigt. Geht so ein Netz verloren, vergehen Jahrhunderte ehe es verrottet sein wird. Vögel und Kleintiere können Teile davon aufnehmen oder sich daran verletzen. Durch die rabensichere Aufhängung der Meisenknödel mit dem Eisendraht ist auch gleich das leere Netz gesichert und sollte über den Hausmüll entsorgt werden.

Nachhaltig arbeitende Futtermittelhersteller wie Welzhofer verwenden konsequenterweise ausschließlich kompostierbare, leicht verrottbare Netze auf Maisstärkebasis.

Achten Sie bei der Wahl der Futtermittel nach Möglichkeit darauf, dass diese frei von Ambrosiasamen sind, um den unerwünschten Aufwuchs dieses aus Nordamerika eingeschleppten Wildkrauts zu verhindern, das schwere allergische Reaktionen herovrrufen kann.

Claudia Fischer

Claudia Fischer lebt im beschaulichen Bruchsal am Rande des Schwarzwaldes. Seit vielen Jahren arbeitet sie dort für und bei Creativ Markt Butterer. Daneben ist sie freiberuflich tätig. Es ist ein Glücksfall für mich, sagt sie, einen so facettenreichen Arbeitsalltag zu haben, in dem für ganz unterschiedliche Aufgaben Raum ist und ich viele meiner Talente nutzen kann. Während die Arbeit im Unternehmen in der Regel Kopfsache ist, sind die kreativen Projekte bei aller Professionalisierung oft auch Herzensangelegenheiten. Ruhe und Balance findet sie zuhause, neue Ideen und Impulse auf Reisen und unbeschwerten Streifzügen in der Umgebung.

Ilona Butterer

Ilona Butterer ist Kopf, Herz und Hand von Creativ Markt Butterer in Bruchsal. Ihre beiden Ladengeschäfte sind weit über die Grenzen der kleinen Stadt im Badischen bekannt. Daneben ist sie auch überregional tätig als Beraterin und in der Produktentwicklung. Neben allen unternehmerischen Verpflichtungen gelingt es ihr immer wieder, Freiräume für kreative Projekte zu schaffen. Sie ist überzeugt: Kreativsein ist wohltuend für die Seele, bringt Farbe in den Alltag und übt uns darin, Dinge selbst in die Hand zu nehmen.

IMPRESSUM

FOTOS: frechverlag GmbH, 70499 Stuttgart; lichtpunkt, Michael Ruder, Stuttgart (Cover, S. 10/11, S. 27); iStock: dageldog (S. 44/45 Mitte, #157399021), Janny2 (S. 46, #1197995970), Mantonature (S. 47, #1191232888), Nataba (S. 44 links, #1143456971), Piotr Krzeslak (S. 45 rechts, #825359960), Savannah Anderson (S. 45 zweites von rechts, #1080523512); alle anderen: Ilona Butterer
PRODUKTMANAGEMENT UND LEKTORAT: Jana Hartling
COVERGESTALTUNG: Eva Grimme
SATZ: Fotosatz H. Buck
DRUCK: GPS Group GmbH, Österreich

1. Auflage 2021

ISBN 978-3-7724-4387-9 • Best.-Nr. 4387

Gut zu wissen

Anbringung der Meisenknödel-Halter

Alle Meisenknödel-Halter sollten so angebracht werden, dass die Vögel eine gute Übersicht haben und vor herannahenden Katzen rechtzeitig flüchten können. Die Welzhofer-Experten empfehlen einen Abstand von mindestens 1,5 m zum Boden.

Um zu verhindern, dass die Vögel gegen für sie unsichtbare Fensterscheiben fliegen, ist es hilfreich, die Futterstellen stets in einigen Metern Abstand zum Haus aufzustellen oder, beispielsweise für eine Fütterung auf dem Balkon, direkt am Fenster, wie es der NABU empfiehlt. Durch den geringen Abstand ist die Verletzungsgefahr bei eventuellen Kollisionen gering.

Wasserquellen

Vögel versorgen sich üblicherweise über Frischfutter wie Beeren oder Würmer mit Feuchtigkeit. Trotzdem sollte man gerade in dichteren Siedlungen zum Wohl der gefiederten Gäste, denen man die in der Regel sehr trockenen Futtermittel anbietet, auch eine oder zwei Wassertränken aufstellen, damit die Vögel garantiert sauberes Trinkwasser finden können. Ein einfacher Topfuntersetzer oder ein ausgedienter Suppenteller mit einer Wassertiefe von maximal 5 cm ist schon genug, doch selbstverständlich darf auch die Tränke kreativ und dekorativ sein. Achten Sie darauf, das Wasser regelmäßig zu wechseln und säubern Sie ab und an die Tränke mit heißem Wasser und einer Bürste, aber ohne Reinigungsmittel.

Besonders an heißen Sommertagen müssen Vogeltränken täglich gereinigt und das Leben spendende Nass gewechselt werden, damit sich die Vögel nicht mit tödlichen Trichomonaden infizieren.

Unser Tipp: Wenn man zwei Wasserschalen benutzt, kann man eine immer für einen Tag in die Sonne stellen. Danach sind sämtliche Parasiten und auch eventuelle Larven von Stechmückenfliegen abgestorben.

Sandbäder

Sehr dankbar sind Gartenvögel auch über die Gelegenheit für ein reinigendes Sandbad. Beim Sandbaden verteilen die Vögel Sandkörner zwischen ihrem Gefieder und schütteln sie wieder ab.

In unseren Gärten gibt es nur noch selten sandige Plätze dafür. Mit einem Topfuntersetzer oder einer ausreichend großen Schüssel und Quarzsand ist jedoch schnell eine wunderbare Sandbadestelle gezaubert. Der Sand sollte mindestens 15 cm tief sein und das Sandbad nachts aufgeräumt oder abgedeckt werden, um es vor Katzen zu schützen.